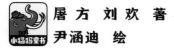

屠方 刘欢 著
尹涵迪 绘

你好，中国的房子
鄂伦春族的撮罗子

电子工业出版社
Publishing House of Electronics Industry
北京·BEIJING

鄂伦春族是我国人口较少的少数民族，世代居住在大兴安岭和小兴安岭地区。这里分布着众多的江河湖泊和原始森林，蕴育出了极为富饶的物产，养育了一代又一代的鄂伦春族人。

　　鄂伦春族人以狩猎为生，被称为"北半球渔猎民族的活化石"。鄂伦春族人没有固定的居住地，他们根据季节的变化，随着狩猎区域的迁移而迁移。

　　为了适应狩猎生活，他们发明了像帐篷一样方便搭建、拆卸和移动的房子——撮罗子。

鄂伦春族人很团结，他们往往会和亲朋好友一起选择搭建撮罗子的场地。这种集体选址的方式在地广人稀的大、小兴安岭是很有必要的，不仅能够相互照应，还能提高集体劳动的效率。春夏时节，鄂伦春族人喜欢在青草繁茂的河畔居住；秋冬时节，鄂伦春族人喜欢在朝阳的山坳里居住，躲避寒风。

　　在确定了搭建的地方后，鄂伦春族人会去树林里寻找适合搭建撮罗子的树木。他们用三根粗壮、结实的带杈树干作为主要支撑杆，并把它们斜立起来。每根树干上的杈口相互咬合在一起，树干之间互相受力，就可以立在地面上，形成一个稳固的三角形结构。

　　他们会在东南面留出门的位置，再用二十几根树干依次交叉搭在主支撑杆上，不用钉也不用绳，最后形成的圆锥状骨架会自然立住。这样，撮罗子的框架就搭建完毕了。

　　撮罗子的框架搭建好后，鄂伦春族人会根据不同的季节选择不同的覆盖物：春天用桦树皮覆盖，能够防风雨；夏天用草或芦苇覆盖，能够通风散热，保持室内凉爽；秋冬的时候用狍子皮覆盖，能够保暖、防风雪。

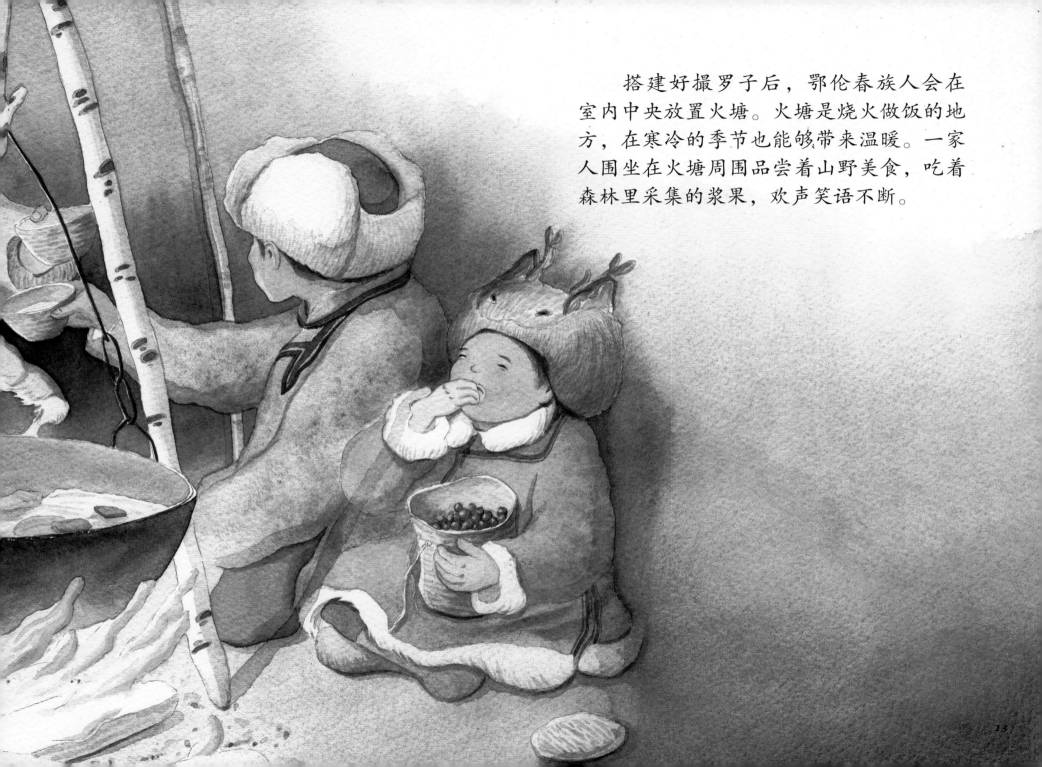

搭建好撮罗子后，鄂伦春族人会在室内中央放置火塘。火塘是烧火做饭的地方，在寒冷的季节也能够带来温暖。一家人围坐在火塘周围品尝着山野美食，吃着森林里采集的浆果，欢声笑语不断。

　　撮罗子的内部陈设比较讲究。正对门的席位，是男主人以及尊贵的男客人坐卧的地方；门的右边，为长辈坐卧的地方；如果儿子婚后与父母同住，只能住在门的左边。门两边一般会放置水桶、锅、弓箭、马鞍、兽皮等生产生活用具。

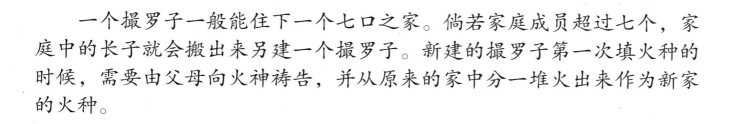

一个撮罗子一般能住下一个七口之家。倘若家庭成员超过七个，家庭中的长子就会搬出来另建一个撮罗子。新建的撮罗子第一次填火种的时候，需要由父母向火神祷告，并从原来的家中分一堆火出来作为新家的火种。

当家庭中的女性成员孕育宝宝的时候，鄂伦春族人会在现在居住的撮罗子旁边搭建一个小撮罗子，供孕妇生宝宝用。妈妈和宝宝在小撮罗子里住到宝宝满月。宝宝出生后，家庭成员会为宝宝制作桦木摇篮，父母轻轻地摇着摇篮、哼着摇篮曲，非常温馨。

亲朋好友一起建造撮罗子时，不能前后搭建，只能呈一条直线并排建造。每家撮罗子后面的树上挂着各式各样的神偶，神偶不能出现在房子的前面，以示对神的尊敬。孩子们聚集在屋前荡秋千、过家家。

一家人搬入搭建好的撮罗子后，鄂伦春族的男人们会带着猎狗外出狩猎，森林里的狍子、鹿、野猪、兔子等动物都是他们的猎物。鄂伦春族人尤其喜欢狩猎狍子。狍子肉质鲜美，狍子皮还是很好的制衣材料。

妇女们坐在房前加工男人们猎回的动物皮毛。她们先将动物皮晒干，然后用工具将皮上的毛、肉、污垢刮净，再反复地鞣皮，使其变得柔软且富有弹性，最后用火熏皮子。熏过的皮子遇水就不会发硬了。制作好皮子后，就可以给家人做衣服、帽子、靴子等精美的服饰了。

　　鄂伦春族人生活的地方江河湖泊较多，因此，鄂伦春族人因地制宜，利用当地的桦树制作桦树皮舟。轻盈的桦树皮舟既为鄂伦春族人的交通出行提供了便利，也是他们捕鱼时不可或缺的工具。在闲暇时，族里的青年也会用桦树皮舟进行划船比赛。这项运动既可以锻炼身体，也可以练就高超的划船技能。

鄂伦春族人很注重礼仪，他们善解人意，对人慷慨，乐于助人。当家里来了客人时，他们总会把最好的东西拿出来招待客人。他们视狍头肉为珍贵的佳肴，是待客的最高礼遇。对于客人带来的礼物，鄂伦春族人会客气地收下，同时也会给客人送上一份回礼，以示谢意。

　　鄂伦春族人对火特别崇敬，他们视火为神的
象征。每年的6月18日，鄂伦春族都要举行隆重的
祭火仪式，也就是鄂伦春篝火节。仪式由族长提前派人通
知分散在不同地区的族人，让他们到指定的地点聚会。接到通知
后，所有族人会准时骑马来参加。

在篝火节当天，男女老少都会盛装打扮，带上美食美酒欢庆这一节日。白天，人们聚在一起举行传统活动，比如赛马、荡秋千、射箭、摔跤等。夜晚来临时，人们燃起篝火，在族长的带领下，男女老少共同向火神祈祷。最后，他们围着篝火跳起萨满舞，尽情欢歌。

　　新中国成立后，党和政府很关心鄂伦春族人民的生活，为他们提供了明亮的房子。鄂伦春族人再也不用过漂泊不定的游猎生活了，撮罗子也逐渐远离了他们的生活。

　　但是，作为一种民族文化的符号，撮罗子依然留在鄂伦春族人的心里，永不磨灭。

图书在版编目（CIP）数据

你好，中国的房子. 鄂伦春族的撮罗子 / 屠方, 刘欢著；尹涵迪绘. -- 北京：电子工业出版社, 2022.7
ISBN 978-7-121-43489-1

Ⅰ. ①你… Ⅱ. ①屠… ②刘… ③尹… Ⅲ. ①鄂伦春族—民居—建筑艺术—中国—少儿读物 Ⅳ.①TU241.5-49

中国版本图书馆CIP数据核字（2022）第085032号

责任编辑：朱思霖
印　　刷：北京瑞禾彩色印刷有限公司
装　　订：北京瑞禾彩色印刷有限公司
出版发行：电子工业出版社
　　　　　北京市海淀区万寿路173信箱　邮编：100036
开　　本：889×1194　1/16　印张：22.5　字数：97.25千字
版　　次：2022年7月第1版
印　　次：2023年5月第4次印刷
定　　价：200.00元（全10册）

　　凡所购买电子工业出版社图书有缺损问题，请向购买书店调换。若书店售缺，请与本社发行部联系，联系及邮购电话：（010）88254888，88258888。
　　质量投诉请发邮件至zlts@phei.com.cn，盗版侵权举报请发邮件至dbqq@phei.com.cn。
　　本书咨询联系方式：（010）88254161转1859，zhusl@phei.com.cn。